U0162658

# 我的第一本植物标本集

编著 青少年科学蒲公英工作室

天津出版传媒集团

天津科技翻译出版有限公司

**图书在版编目（CIP）数据**

我的第一本植物标本集 / 青少年科学蒲公英工作室
编著. —天津：天津科技翻译出版有限公司，2020.5
　ISBN 978-7-5433-3964-4

　Ⅰ. ①我… Ⅱ. ①青… Ⅲ. ①植物–标本制作–青少
年读物　Ⅳ. ①Q94-34

中国版本图书馆CIP数据核字(2019)第176663号

---

**我的第一本植物标本集**

**WODE DIYIBEN ZHIWU BIAOBENJI**

青少年科学蒲公英工作室　编著

---

出　　　版：天津科技翻译出版有限公司
出 版 人：刘子媛
地　　　址：天津市南开区白堤路244号
邮政编码：300192
电　　　话：（022）87894896
传　　　真：（022）87895650
网　　　址：www.tsttpc.com
印　　　厂：北京博海升彩色印刷有限公司
发　　　行：全国新华书店
版本记录：710mm×1000mm　16开本　7.5印张　100千字
　　　　　　2020年5月第1版　2020年5月第1次印刷
　　　　　　定价：58.00元

（如发现印装问题，可与出版社调换）

# 编委名单
## （按姓氏笔画排序）

王学山　王宏鹏　刘若淼　闫春财
安庆红　张　恺　张　辉　满　良

# 前　言

　　春暖花开。这个"花"是什么样子的？什么颜色的？我们的周围有多少种植物开花？它们有没有共性？为什么说"一花一世界？"通过观察、解剖它，所有的疑问便会迎刃而解。想解答这些疑问，这就需要我们去采集标本。然后，通过对标本的观察、解剖，揭开植物世界的秘密，以及掌握花的生长规律。

　　奇花异草——怎么能把自己见过的奇花异草介绍给他人？借助图片，太平面化和局部化；用文字描述，又过于单调、无味；那么，解决这个难题的最佳方式就是制作标本。制作植物标本还能提高青少年的专注能力、观察能力和动手能力。

　　植物标本，能够帮助人类，尤其是帮助青少年学会观察和认识身边的以植物形式体现的生命现象，有利于培养探索习惯，满足其好奇心。除此之外，植物标本也有利于提高课程教学的效果。如以小学语文课的范文《植物妈妈有办法》中的蒲公英妈妈、苍耳妈妈和豌豆妈妈为例，老师在讲解中恰当地利用了植物标本，学生首先要对"植物妈妈"有了真实的认识，接着才能对那些所谓的"办法"有正确的认识和理解。而范文《爬山虎的脚》，则是利用植物标本讲解，让学生首先对"爬山虎"是植物还是动物有正确的认识；其次才对叶色的变化，"脚"的位置、形状及细丝头的变化产生真实的、生动的感受。

除了当作学习工具或媒介以外，植物标本还可以当作礼品和艺术品。例如情人节给情侣送玫瑰、母亲节给妈妈送康乃馨等，其实就涉及了采集标本和制作标本。

　　植物标本是有情义、爱心和价值的，不是干巴巴的死的植物体或其局部。为了体现植物标本的这个属性，应天津市青少年科技中心的委托，我们组成了本书的编写组。书中的前言、第一章、第二章、第四章、第七章等内容是由天津师范大学生命科学学院满良博士撰写；植物标本分类、标本展示与动手制作部分是由滨海新区桃园小学王学山和张辉老师撰写；植物标本制作部分是由和平区科技中心刘若淼老师撰写。

满良

2019 年 10 月

CONTENTS **目 录**

# 第一章

## 植物标本及其价值

微信扫描二维码

加入本书交流群

植物标本是采集带有花、果实等部分或全部植物体，经特殊处理后制作完成的，供教学、研究使用；也可以当作艺术品、礼物的植物体。

植物识别是利用植物资源的前提，植物标本为利用和保育植物资源中提供重要的依据。植物标本不仅是科研工作者的研究或教学的资料，而且在标本陈列、展示和艺术观赏等方面也有着非常重要的价值。

植物标本为学习、研究提供不受时间或季节、地点或环境限制的长期的、充分的物质基础和宝贵的资料。

植物标本能帮助学生了解植物的形态特征，并增强记忆。中小学生植物标本采集与制作，有利于形成对科学的探索能力、提高研究兴趣和培养动手实践能力。植物标本的采集与制作也是学生熟悉周围环境中植物资源的途径之一。

精美的植物标本也是传递情感的媒介，如玫瑰、康乃馨等。

参考文献：

吴志华，中小学学生实践能力培养：存在的问题及解决策略．教育科学．2006，22(5):32–35

袁银，黄稚清，丁释丰，等．基于大数据分析的植物标本取样方法研究．现代农业科技．2018，3:149–151

王强，胡志成，丁宇翔．几种常见植物标本的保色方法在教学中的应用．中南药学．2015，13(11):1230–1232

张雨轩，王立玲，季丽梅．药用植物标本二维码数据库的构建与探析．中国医院药学杂志

鲁敏，李成，布凤琴，等．园林植物标本的采集制作技术与实验教学应用．山东建筑大学学报．2009，24(6):598–602

黄肇宇，蒋波，覃雪梅．植物标本原色泽的保色技术研究．玉林师范学院学报（自然科学）．2006，27(3):126–128.

# 第二章

# 植物标本采集与制作

# 一、干制标本的采集

## （一）植物实体标本采集和制作的工具和仪器

数码相机：拍摄植物和环境图片。

海拔仪：了解采集点的海拔高度。

指南针：指示方向。

GPS：可以取代海拔仪和指南针。

掘根铲：挖掘一般草本植物。

小镐：挖掘深根的或具有变态茎、变态根的草本植物。

枝剪：剪取木本植物的枝条，有分枝剪和高枝剪两种。

标本夹：标本夹由上下两片木质夹板组成，中间层瓦楞板和吸水纸交替叠放。两条木架之间放吸水的草纸，用绳绑好随身携带。

采集袋：用帆布或尼龙绸制成，用于盛取标本和小型采集用品用具。

吸水纸：吸水纸最好用黄草纸。

纸袋：牛皮纸制成，用于盛取种子及标本上脱落下来的花、果、叶、鳞茎、块根等。

野外记录表 ( 图 1 )：采集记录册采用统一格式的采集记录表印刷装订成册，册中每一页记录一种植物。

标签：用白色硬纸做成，长 3cm × 宽 1cm，用白线挂在各个标本上。

卷尺：测量植物的高度、胸径等。

放大镜：观察植物的细小形态。

# 标本采集记录表

采集地点： _____ 国 _____ 省

( 州市区 ) _____

经度： _____ 纬度： _____

海拔高度 (m)： _____ 地下器官： _____

植物体乳汁及颜色： _____

花 / 花序及颜色： _____

果实及汁液颜色： _____ 种子： _____

标本号： _____ 采集者： _____

图 1　标本采集记录表

铅笔：填写标本号牌。

橡皮：擦除铅笔字错误。

## （二）采集标本应注意的问题

### 1. 安全第一，最重要

采集植物标本最好到野生植物资源丰富的地方，山区、公园都是不错的选择。野外采集不要选择阴雨天。采集标本时要注意保护野生植物资源，按需索取，不可破坏珍稀的植物资源。未成年人要在父母和教师的陪伴下才能成行。

### 2. 先观察再采集

先观察植物所处的环境，是阳光充足还是终日背阴？距离水源远近？附近动物活动是否频繁？这些都是需要标本采集者事先了解的。确定要采集的植物后，应先用肉眼观察，然后再用放大镜观察，要注意植物各部分所处的位置。

种子萌发的契机和植物固有的生长周期决定了它所处的发育阶段，即便在同一时间，可能有的植物正以果实或种子的形态埋没于土壤中休眠，有的正处于一生最绚烂的花期，而有的已经瓜熟蒂落。采集教学或者研究用的标本最好选择春、夏季节，此时正值多数植物开花季，花和果实是确定物种的主要器官。因为植物系统的分类主要依据花和果实的不同来确定的。当然随着分子生物学的发展，现代植物分类学还可以从遗传层次上鉴定。如果采集标本仅仅是因为喜爱植物的某一部分或者出于某种情怀，那大可不必拘泥于植物是否开花。

### 3. 保持植物形态特征的完整性

一份完整的标本，除了必须带有花果外，还需有营养体部分——根 ( 除了木本植物 )、茎、叶及其变态部分，故要选择生长状态良好、无病虫害、具本物种典型特征的植株。同时，如果是宿根或木本植物，标本上要具有两年生枝条，因为两年生枝相较当年生枝常有许多不同的特征，不易鉴别。

株高 ≤ 40 厘米的草本植物，应采集包括根、茎、叶、花、果实在内的整株。株高 > 40 厘米的草本植物，采下后可折成 "V" 形、"N" 形或 "M" 字形，然后再压入标本夹内。也可选其形态上有代表性的部分剪成上、中、下三段，记录为同一号码的标本，分别标记 A、B、C 压在标本夹内 ( 见右图 )。

木本植物一般株型较大，无法保存整株，应用拍照、描述或绘画的方式记录植株的形态。采取其植物体的一部分，剪取或挖取带花、果的枝条。木本枝条较粗，用手不易折断还会影响标本的美观，应用枝剪或高枝剪剪取目标。

一些植物有明显的特征，如皂荚的大树基部有枝刺，可收集一些附于标本上，对于形态比较特殊或有特殊经济价值的种类，也可相应收集。雌雄异株的植物必须分别采集雌、雄株上的花果和营养器官，如杨树、铁树。采集具有地下茎的植物放在采集袋中。

对于叶片很大的植物来说，全株采集无法实现，可采同一株上的幼小叶与花果组成一份标本，同时用文字或绘图说明实际叶片大小。也可分段采集，把叶、叶柄各自分段取一部分与花果组成一份标本。花序较大的植物，可以留下一部分花序，同时标明花序实际大小，记得留下苞片。

## 4. 拍照记录植物生长环境

全世界约有 20 多万种种子植物，形态特点和繁殖方式各有不同。植物生长速度与状态与其所在环境有重要的联系，同一环境中可以有很多不同种类的植物，而生长在不同环境的同一种植物，也可能会表现出不同的特征。为进一步让使用者了解

植物标本所在的环境，在采集时，可以拍摄标本植物的全境照片，弥补标本的不足，必要时可以用文字辅以说明。

5. 采集记录必不可少

标本采集记录是采集者对时、境、态最准确的记录，应装订成册长期保存，对于标本的鉴定和研究有很大的帮助。一般包括采集号、采集时间、地点、生长环境、性状、花的颜色等内容。应该注意的是，压制标本的过程中，很多花会失去本来的色泽，在采集时应如实记录颜色。尽可能地随采随记录和编号，以免大量采集后编号错乱。每采好一种植物标本后，应立即挂上号牌。号牌用铅笔填写，其编号必须与采集记录表上的编号相同。

## 二、干制标本的制作

### （一）压制方法

新鲜植物含有大量水分，标本采集回来之后，应尽快将其压制和干燥，防止植物的形态和颜色发生变化或植株部分脱落。一般植物都可以采用直接压制的方法，在标本夹的两块条板间放置几张草纸，摆放一株标本，在上面再放几张草纸，再放标本，注意标本要错落摆开，以免一面叠加过高压不紧实。标本摆放时应有正面朝上、背面朝上、侧位摆放的各种情况，确保植物的每个部位在标本中都有所表现。标本罗列高度不超过 50 厘米，放上另一块夹板，压紧，再用绳子绑紧。

在压制中，花果比较大的标本，压制时厚度较大，叶片部分就会因无法压实而卷起。在压这种标本的时候，要用吸水纸折好把空隙填平，让全部枝叶受到同样的压力。新压的标本，需要每天更换吸水纸，取出的吸水纸阴干可以反复使用。换纸的时候要把重压的枝条、折叠着的叶和花等小心地张开、整好。完全干燥后的标本易碎，不宜再调整。如果发现枝叶过密，可以修剪去一部分。标本压上以后，通常经过一周左右，就会完全干燥。

压制地下块根、块茎、鳞茎及肉质多汁的花果时，可以将它们剖开，压其一部分。压的一部分必须具有代表性，同时要把它们的形状、颜色、大小、质地等详细地记录下来。

## (二) 标本的制作

　　小心地将已压干的植物标本分别取出来，标本的背面用胶棒或白乳胶薄薄地涂上一层胶，然后贴在台纸上。台纸一般长42cm、宽29cm，和标本夹差不多大小。如果标本比台纸大，可以修剪一下，但是顶部必须保留。让标本和台纸粘在一起，用重物压实确保粘得牢固。然后在枝叶的主脉左右，顺着枝、叶的方向，用线缝在台纸上，缝的线在台纸背面要整齐的排列，不要重叠起来，而且最后的线头要拉紧。有些植物标本的叶、花及小果实等很容易脱落，要把脱落的叶、花、果实等装在牛皮纸袋内，并且把纸袋贴在标本台纸的左下角。把已抄好的野外记录表贴在左上角，要注明标本的学名、科名、采集人、采集地点、采集日期等。每一份标本都要编上号码。在野外记录本上、野外记录表上、卡片上、鉴定标签上的同一份标本的号码要相同。根据标本、野外记录，认真查找工具书，核对标本的名称、分类地位等，如果已经鉴定好，就要填好鉴定标签并贴在台纸的右下角。

## (三) 标本的保存和使用

　　保存植物标本的地方必须干燥通风。植物标本容易受虫害，一般用药剂来防除。使用标本时要好好爱护，不让它弯折。在查阅标本的时候，顺着次序轻拿轻放，翻阅以后，要按照相反的次序放回。不要破坏标本已有的形态。阅览标本的时候，如果贴着的纸片脱落了，应该把它复位粘贴好。查阅过的标本应立刻放回原处。

## 三、浸制标本的制作

浸制的植物标本是把植物沉浸在浸制药液中而制成的。制作程序较为简单，把标本用清水洗净，缚在玻璃片上，然后沉入盛有浸制药液的标本瓶中，再用封合剂将瓶口封严，最后，在标本瓶的上端贴上标签（见下图）。

### （一）浸制液常用的有以下几种

（1）7% 酒精。其优点是可以使标本保存较长时间，缺点是容易使标本脱色。一般的浸制标本，要想保存在酒精中，最好是从弱酒精（30%）开始，渐次转入强酒精（70%）中，以免标本皱缩变形。

（2）5% 福尔马林。其优点是可以临时保持实物的颜色，价钱也比较便宜，缺点是药液本身容易变成褐色。

福尔马林的浸透力较差。外皮较厚的标本，往往在未浸透前，内部已经腐烂。因此，用福尔马林液浸制标本时，标本内部也要注射这种浸制液，或把标本剥开，以免内部腐坏。

（3）0.2%亚硫酸液或5%升汞（氯化高汞）溶液都可作为浸制液。

还有人在生物学通报上写过文章，介绍用大蒜100克磨碎，加入5克酚液、200克蒸馏水，在30℃气温下密闭12小时，然后过滤，再加2克甘油，用作浸制液效果较好。

上述浸制标本，在不长的时间内就褪了色，标本因而失去了天然色泽。为了保存植物标本的天然颜色，需要配制特殊的浸制液，它们的配方因保存的颜色而不同。

## 1. 绿色标本浸制液

将醋酸铜结晶加到50%冰醋酸溶液中，加至饱和状态为止。然后将这个饱和溶液用4倍水稀释，加热至80℃~85℃。把要做成标本的植物投到烧热的溶液中，继续加热。等到看见植物由绿变褐、由褐变绿时，即可把植物取出，用清水洗净，保存在5%福尔马林中。对于不适于烧煮或药液不易透入的植物，改用硫酸铜饱和水溶液700毫升、40%福尔马林50毫升、水250毫升的混合液，直接浸泡植物标本，浸泡的时间，要看植物幼嫩的程度以及种类而不同，一般地说，幼苗浸3~5天，而成长的植株需要浸8~14天。

最妥善的办法是从浸后的第二天开始，每天注意检查一次，看到植物由绿变黄，然后又由黄变绿时，即可取出，用清水将药液洗净，将洗净的标本投入5%福尔马林溶液中保存。

## 2. 红色标本浸制液

用硼酸粉 450 克、75% ~ 90% 酒精 2000 毫升、40% 福尔马林 300 毫升、水 2000 ~ 4000 毫升混合起来，澄清，取澄清液保存红色标本（如果是粉红色标本，可以不加福尔马林）。另一种方法是：用硼酸粉 30 克、40% 福尔马林 40 毫升、水 4000 毫升的混合液浸渍标本 1 ~ 3 天，等到标本由红变褐时，取出投入加上少许硼酸粉的 0.15% ~ 0.2% 亚硫酸溶液中保存。标本在这种保存液中会重现红色。

## 3. 黑色、红紫色、紫色标本浸制液

用 40% 福尔马林 450 毫升、95% 酒精 540 毫升、水 18 100 毫升制成混合液，澄清，取澄清液保存标本。另一种方法是：用 40% 福尔马林 500 毫升、饱和氯化钠水溶液 1000 毫升、水 8700 毫升混合，澄清，取澄清液保存标本。

## 4. 黄色、黄绿色标本浸制液

用亚硫酸饱和溶液 568 毫升、95% 酒精 568 毫升、水 4500 毫升混合，澄清，取澄清液保存标本。上述方法是对一般黄色、黄绿色标本而言，由于这种颜色多是果实标本的颜色。根据果实种类不同，还可以对其浸制液有所区别。淡绿色的桃和杏：用 0.1% ~ 0.5% 亚硫酸水溶液 1000 毫升，加入 5% 硫酸铜溶液 50 毫升的混合液保存；梨、苹果、青葡萄：用 1% 亚硫酸 100 毫升、95% 酒精 100 毫升、水 800 毫升、5% 硫酸铜水溶液 50 毫升的混合液保存；黄番茄、柿子：浸入 0.2% 亚硫酸水溶液，加甘油少许保存。

## （二）浸制标本封瓶口

### 1. 石蜡封口

标本瓶的瓶盖盖好以后，把切碎的石蜡放在瓶口缝隙中，用烧热的镊子或小刀，把石蜡烫化、涂匀，等冷却以后，瓶口就封好了。溶化石蜡，切忌用火直接在瓶口上加热，特别是对用酒精作为保存液的标本瓶，更要严格注意，以免发生意外。

### 2. 鳔胶封口

将鳔胶切成小块，用水浸 8～12 小时，捞出后再切成更小的小块，除去未浸透的硬结，放入乳钵中捣成泥状，加少量水，制成均匀的乳剂，再放入重温锅内加热到黏稠为止。为了避免鳔胶在雨季发霉，可加入少量石碳酸。封瓶口时，瓶盖最好稍稍加温，然后用牙刷蘸鳔胶分别在瓶口和瓶盖上涂一薄层，立即将瓶盖盖好，5～6 小时以后鳔胶就变干了，将瓶口封死。

# 第三章

# 常见的野菜、野果、药用植物

苦苣菜

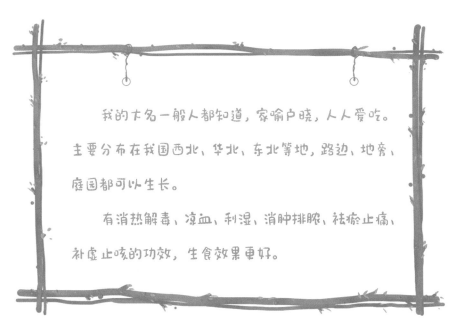

我的大名一般人都知道，家喻户晓，人人爱吃。主要分布在我国西北、华北、东北等地，路边、地旁、庭园都可以生长。

有消热解毒、凉血、利湿、消肿排脓、祛瘀止痛、补虚止咳的功效，生食效果更好。

# 藜

俗称灰菜，还可以叫灰条菜、灰灰菜等，一般生长于田野、荒地、草原、路边及住宅附近，全国各地普遍生长。每年4~7月可以采收幼苗或嫩茎叶食用。采集嫩茎叶，入沸水焯洗去苦味，可凉拌、热炒、包饺子，制成多种菜肴，还可以全草食用或入药。

**蒲公英**

我是大名鼎鼎的蒲公英，估计没有人不认识我。

山坡草地、路边、田野、河滩到处都有我的身影。

等我开花结果了，更受大人孩子们的喜爱，轻轻一吹……

我的价值可大了，食用、药用、观赏，人人都喜欢我。

荠菜

我生长于田野、路边及庭园，大家有时也喜欢叫我护生草、地菜等。我的营养价值可高了，食用方法也多种多样。而且，我还具有很高的药用价值，具有和脾、利水、止血、明目的功效，常用于治疗产后出血、痢疾、水肿、肠炎、胃溃疡、感冒发热、目赤肿痛等症。

**萹蓄**

我可是药食两用的食物，我还可以提取黄色和绿色染料呢！

# 车 前

我也叫车前草、车轮草等。我生于草地、沟边、河岸湿地、田边、路旁或村边空旷处，海拔3~3200米都能生长。全草可药用，具有利尿、清热、明目、祛癌药理作用的功效。

葎草

　　我是属于桑科的植物，属多年生攀援草本植物，茎、枝、叶柄均具倒钩刺。常生于沟边、荒地、废墟、林缘边。而且我的适应能力极强，适生幅度特别宽，虽然我喜欢生长于肥土上，但贫瘠之处也能生长，只是肥沃土地上生长更加旺盛。

# 泥胡菜

大家可能对我的这个名字比较陌生。我生于山坡、山谷、平原、丘陵，林下、草地、荒地、田间、河边、路旁等处普遍有之，海拔50~3280米都有我的身影。我还有很高的药用价值，全株可入药，具有清热解毒、散结消肿的作用。

# 第四章

## 课文中提到的植物

# 课文《植物妈妈有办法》中植物

## 植物妈妈有办法

孩子如果已经长大，

就得告别妈妈，四海为家。

牛马有脚，鸟有翅膀，

植物旅行又用什么办法？

蒲公英妈妈准备了降落伞，

把它送给自己的娃娃。

只要有风轻轻吹过，

孩子们就乘着风纷纷出发。

苍耳妈妈有个好办法，

她给孩子穿上带刺的铠甲。

只要挂住动物的皮毛，

孩子们就能去田野、山洼。

豌豆妈妈更有办法，

她让豆荚晒在太阳底下，

啪的一声，豆荚炸开，

孩子们就蹦着跳着离开妈妈。

植物妈妈的办法很多很多，

不信你就仔细观察。

那里有许许多多的知识，

粗心的小朋友却得不到它。

**思考题**:

（1）课文中这些植物为什么有这种办法?

（2）课文中有几种植物? 各自用什么方法做事?

（3）我所认识的和它们相同的植物有哪些?

（4）我要采集这些植物的标本，或拍照它们附在课本内。

## 课文《我爱故乡的酸枣树》中的植物

### 我爱故乡的酸枣树

我的故乡是果树的王国。村边地头、路旁沟底，栽满了各种各样的果树：樱桃、山楂、柿子、杏、苹果……但我印象最深的，还是那一丛丛、一簇簇野生野长的酸枣树。

当第一缕春风吹来时，沉睡了一冬的酸枣树便悄悄地睁开了惺忪的睡眼。她先是羞答答地捧出一两个黄茸茸的小尖芽儿，像触角一样，试探着春天的信息。后来，嫩芽渐渐增多，不几天，就长成了浅绿色的叶片。天气晴朗的时候，酸枣叶在阳光下一闪一闪，从远处看，像一树小巧玲珑的翡翠，可爱极了。

初夏时节，酸枣花开了，那黄黄的、米粒般大小的酸枣花，在绿叶的映衬下，像天空无数颗金色的小星星。一阵风吹来，小星星就会散发出醉人的清香。没过多久，酸枣树的枝头便挑起了数不清的小酸枣。酸枣逐渐由青变绿，由小变大，孩子们的期望也一天天膨胀起来。

深秋是酸枣成熟的季节，也是孩子们最忙碌的季节。一颗颗熟透了的酸枣挂在枝头，红红的，像玛瑙，像珍珠，漫山遍野，到处是火，到处是霞。我们先用竿子往酸枣枝上乱打一阵，酸枣一会儿就落了一地。接着，我们就忙着往兜里拾。至于被棘针扎了手，那是常有的事。不过，当把一颗颗酸枣放进嘴里的时候，我们早已忘记了刚才的疼痛。酸枣酸酸的，甜甜的，比起工人培育的水果，真是别有一番滋味。难怪故乡有一首歌谣："柿子腻，杏儿酸，不如酸枣味道鲜。"

酸枣树大多生长在土地瘠薄的沟沿儿岭顶，不需施肥，不用浇水。年复一年，它们默默地向人们奉献着自己的甘美。

**思考题：**

（1）酸枣树是长什么样子的？

（2）我要观察它的枝条。

（3）酸枣树的叶子是什么样子的？我要去采集一片或画下来。

（4）酸枣树的叶子为什么在阳光下一闪一闪的？

（5）酸枣树的花，为什么发出醉人的、清香的味道？我要在显微镜下观察它。

（6）酸枣小时候是什么颜色的、什么样子的？我要每隔7天去观察它的变化，我将会发现什么？要做好记录。

## 课文《我爱故乡的杨梅》中的植物

### 我爱故乡的杨梅

我的故乡在江南，我爱故乡的杨梅。

细雨如丝，一棵棵杨梅树贪婪 (lán) 地吮 (shǔn) 吸着春天的甘露。它们伸展着四季常绿的枝条，一片片狭长的叶子在雨雾中欢笑着。

端午节过后，杨梅树上挂满了杨梅。

杨梅
图片由南京师范大学张广富老师提供

杨梅圆圆的，和桂圆一样大小，遍身生着小刺。等杨梅渐渐长熟，刺也渐渐软了，平了。摘一颗放进嘴里，舌尖触到杨梅那平滑的刺，使人感到细腻 (nì) 而且柔软。

杨梅先是淡红的，随后变成深红，最后几乎变成黑的了。它不是真的变黑，因为太红了，所以像黑的。你轻轻咬开它，就可以看见那新鲜红嫩的果肉，嘴唇 (chún) 上舌头上同时染满了鲜红的汁 (zhī) 水。

没有熟透的杨梅又酸又甜，熟透了就甜津津的，叫人越吃越爱吃。我小时候，有一次吃杨梅，吃得太多，发觉牙齿又酸又软，

连豆腐 (fu) 也咬不动了。我才知道杨梅虽然熟透了，酸味还是有的，因为它太甜，吃起来就不觉得酸了。吃饱了杨梅再吃别的东西，才感觉到牙齿被它酸倒了。

**思考题**：

（1）我要采集杨梅细长的叶子，或把它画下来。

（2）杨梅果的成长过程，我要记录下来。这样我会真正体会到其刺由硬变软的特征。

（3）杨梅会不会开花？如果是开花，将是什么颜色的，多大，开多长时间？

## 课文《爬山虎的脚》中的植物

学校操场北边墙上满是爬山虎。我家也有爬山虎，从小院的西墙爬上去，在房顶上占了一大片地方。

爬山虎

图片由中山大学刘沁雲博士提供

爬山虎刚长出来的叶子是嫩红的，不几天叶子长大，就变成嫩绿的。爬山虎的嫩叶，不大引人注意，引人注意的是长大了的叶子。那些叶子绿得那么新鲜，看着非常舒服。叶尖一顺儿朝下，在墙上铺得那么均匀，没有重叠起来的，也不留一点儿空隙。一阵风拂过，一墙的叶子就漾起波纹，好看得很。

以前，我只知道这种植物叫爬山虎，可不知道它怎么能爬。今年，我注意了，原来爬山虎是有脚的。爬山虎的脚长在茎上。茎上长叶柄的地方，反面伸出枝状的六七根细丝，每根细丝像蜗牛的触角。细丝跟新叶子一样，也是嫩红的。这就是爬山虎的脚。

爬山虎的脚触着墙的时候，六七

根细丝的头上就变成小圆片，巴住墙。细丝原先是直的，现在弯曲了，把爬山虎的嫩茎拉一把，使它紧贴在墙上。爬山虎就是这样一脚一脚地往上爬。如果你仔细看那些细小的脚，你会想起图画上蛟龙的爪子。

爬山虎的脚要是没触着墙，不几天就萎了，后来连痕迹也没有了。触着墙的，细丝和小圆片逐渐变成灰色。不要瞧不起那些灰色的脚，那些脚巴在墙上相当牢固，要是你的手指不费一点儿劲，休想拉下爬山虎的一根茎。

**思考题：**

（1）爬山虎是什么样的植物？我要去观察并画下来，或拍照。

（2）为什么这个植物的名字是爬山虎？

（3）我周围还有哪些植物像爬山虎一样？

（4）爬山虎的亲戚是什么植物？与爬山虎有哪些相似的特征？

# 唐诗《悯农》

## 悯农二首 / 古风二首

作者：李绅（唐）

其一

春种一粒粟，秋收万颗子。

四海无闲田，农夫犹饿死。

其二

锄禾日当午，汗滴禾下土。

谁知盘中餐，粒粒皆辛苦。

**思考题：**

（1）这两首诗中的植物是什么？有什么重要的特征？

（2）我要去观察"粟"和"禾"是怎么种的？要做实验，把它们播种在家里，观察它们是怎么生长的，是怎样给我们人类提供粮食的？

# 唐诗《咏柳》

## 咏柳

作者：贺知章（唐）

碧玉妆成一树高，万条垂下绿丝绦。

不知细叶谁裁出，二月春风似剪刀。

### 思考题：

（1）本文中的植物是垂柳。我要画下来，要反映它的"万条垂下绿丝绦"的特征。

（2）本地区还有哪些植物的叶子是像垂柳的？

（3）我要怎么理解后两句？

# 课文《树之歌》中的植物

## 树之歌

杨树高，榕树壮，梧桐树叶像手掌。

枫树秋天叶儿红，松柏四季披绿装。

木棉喜暖在南方，桦树耐寒守北疆。

银杏水杉活化石，金桂开花满院香。

木棉

图片由山西农业大学 王瑞云老师提供

榕树

图片由上海师范大学 曹建国老师提供

**思考题：**

（1）本课文中的哪些植物在本地有生长，在哪里我见过它们？

（2）叶形与梧桐相似的植物在本地有哪些？我要把它们的叶形画下来。

（3）像枫树一样到了秋天叶子变红的植物还有哪些？

（4）为什么木棉在南方生长，桦树在寒冷地区生长？

（5）活化石——银杏、水杉，本地在哪里种植或生长？还有哪些活化石植物？

（6）为什么杨树能长高，榕树长壮？我要去查资料，找答案。

# 课文《十二月花名歌》中的植物

正月山茶满盆开，二月迎春初开放。

三月桃花红十里，四月牡丹国色香。

五月榴花红似火，六月荷花满池塘。

七月茉莉花如雪，八月桂花满枝香。

九月菊花姿百态，十月芙蓉正上妆。

冬月水仙案上供，腊月寒梅斗冰霜。

**思考题：**

（1）我要搜集这12种植物的花的标本，并比较它们的颜色。

（2）在本地区我能看到这12种植物当中的哪几种？

桂花

图片由上海师范大学 曹建国老师提供

# 第五章

## 植物生长观察实践

　　植物标本除了随时随地可以采集以外，还可以自己种植培养。这样有利于培养青少年的观察能力，学会比较，有利于青少年掌握生命规律。下面举例天津市桃花小学学生们利用科学规律播种、培养、观察，并且获取不同生长阶段植物标本的 4 种植物。

### 1. 葎草

　　每隔 10 天观察后发现该植物生长的基本规律为，3 月中旬处于向阳地的即可发芽，至 4 月上旬葎草均出芽，5 月底以前缓慢生长，直到高温多雨的 6 月才快速生长。

**（1）种子萌发**

　　3月中旬开始种子萌发，长出细长的两个子叶，同时发现其幼茎和幼叶已露出。

**（2）幼苗生长期**

　　3月下旬，第一对正常的叶子显露出来。

**（3）幼苗生长期**

　　4月上旬，第一对幼叶继续伸长变宽。

**（4）幼苗生长期**

　　4月中旬，第二对幼叶长出。直至下旬其两对幼叶继续生长，同时第三对幼叶渐渐长出。

**（5）幼苗生长期**

5月至6月末，以长出明显的匍匐茎和叶子展开为主要特征。

**（6）壮苗发育期**

7月初，长出花芽，出现幼态的花序。

**（7）开花期**

8月下旬左右。

**（8）果期**

9月至10月中旬，种子形成果实逐渐成熟。

**（9）衰老期**

10月中旬左右开始进入衰老，植物体死亡。

47

### 2. 苣荬菜

3月下旬开始萌发，经历（约2个月，60天）漫长的幼苗生长期，7月初开始长出直立茎。

**（1）种子萌发**

3月下旬，其幼苗颜色偏红。

**（2）幼苗生长期**

直至6月初，长出4片均为绿色的幼叶，已长出（纵向卷着的、灰白色的）第5片幼叶。

**（3）幼苗生长期**

6月下旬，继续生长基生叶。

**（4）幼苗生长期**

7月初，直立茎伸长，并长出茎生叶为主。

**（5）壮苗生长期**

7月中旬至下旬，直立茎伸长，节间显著，顶端出现花芽。

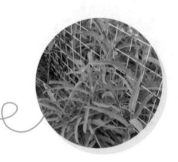

**（6）开花期**

7月下旬至8月上旬，开花，黄色的头状花序鲜艳。

**（7）果期**

8月下旬至9月下旬，果实成熟，具有白色冠毛的果实呈现在植物体顶端，并随着风传播种子。

**（8）衰老期**

10月中旬开始，植物体开始枯死。

### 3. 草木犀

3 月中旬左右开始萌发，4 月中旬长出 2~3 片羽状三出复叶。经漫长的营养生长期后，7 月中旬至 8 月初进入开花期，8 月中旬至 9 月末为盛花期。8 月中旬开始渐渐进入果期，10 月末开始枯死。

### （1）种子萌发期

3月中旬左右开始萌发。

### （2）幼苗生长期

4月中旬长出2~3片羽状三
出复叶。

### （3）幼苗生长期

5月中旬至7月初茎伸长，
其茎叶系统发展。

**（4）开花期**

7月中旬至8月初。

 **（5）果期**

8月下旬至10月中旬果实成

熟为主要特征。

**（6）衰老期**

10月下旬开始枯叶衰死。

## 4. 车前

　　3 月下旬左右开始萌发，4 月上旬长出 4~6 片幼叶。5 月中旬左右为开花期。6 月中旬至 7 月末果实逐渐成熟、开裂传播种子后，花葶枯死，之后慢慢进入衰老期。

**（1）种子萌发期**

3月下旬。

**（2）幼苗期**

直至4月上旬，长出4~6片幼叶。

**（3）幼苗期**

4月中旬，幼叶伸展，并继续长出基生叶。

（4）壮苗生长期

4月下旬至5月上旬。花亭伸出，出现幼态的穗状花序。

（5）开花期

5月中旬开始，穗状花序的小花由花序的下端开始逐渐往上开花，露出雄蕊和雌蕊的柱头。

（6）开花期

6月中旬开始果实逐渐从花序下端开始成熟。直到7月末，果实开裂，传播种子后，花亭枯死。之后慢慢进入衰老期。

# 第六章

# 植物 DIY——礼物、艺术品

发挥青少年的想象力，可以适当地将植物标本拼在一起制作成各种各样的图形或物品。本章是指导青少年锻炼观察力和提高动手及制作能力的内容。通过这种活动，青少年可以进一步掌握不同植物的性质。

# 1. 植物标本之创意拼贴画

## 2.植物标本之滴胶艺术

　　将新鲜的植物或者植物标本小心地封存在AB胶中，待胶在模具中干燥后，便可得到美丽的滴胶作品啦！

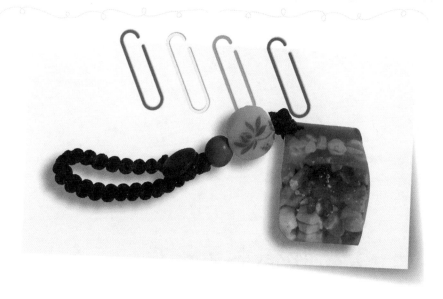

# 3. 植物标本之干花

将植物标本用干燥剂或者自然悬挂，经过大约三天的干燥便可得到干花。

干花与旧报纸的结合，真是既环保，又装点了我们的生活。

用来做一个插花艺术作品也不错哦。

# 4. 我的植物作品展

把我们的植物标本装进各种相框里，科普的同时又兼具艺术感。

压制好的植物标本经过塑封还可以做成植物书签，给你的生活带来小惊喜！

| 种　　名: | 槐 |
| 拉 丁 名: | *Sophora japonica* Linn. |
| 分类地位: | 豆科　槐属 |
| 采 集 地: | 天津师范大学 |
| 采 集 人: | 岳珊普 |
| 采集时间: | 2016.9.10 |

| 种　　名： | 水杉 |
|---|---|
| 拉丁学名： | *Metasequoia glyptostroboides* |
| 分类地位： | 杉科　水杉属 |
| 分 布 地： | 湖北、重庆等地 |

| 种　　名: | 三裂绣线菊 |
| 拉 丁 名: | *Spiraea trilobata* L. |
| 分类地位: | 蔷薇科　绣线菊属 |
| 采 集 地: | 山东烟台昆嵛山保护区 |
| 采 集 人: | 生物科学 1401 班 3 组 |
| 采集时间: | 2016.7.5 |

# 第七章

# 我所采集的奇花异草
# 及其相关的知识

本章是指导青少年采集植物标本的内容，青少年可以在"旅学研"活动中按照这个指导采集自己所喜欢的植物。

# 1. 记录我所采集到的奇花异草的标本

## 2. 给我所采集到的奇花异草绘的画

3. 记录我所采集到的奇花异草的奇怪之处——伤口上是否流出液体？如果有，液体的颜色是什么？有什么特殊的味道？它的花有几种颜色？是在哪里看到的？

4.给我所采集到的奇花异草拍的照片，整个生境，即生活环境中的图片、特写图片

5.我要查阅资料，了解我所采集的奇花异草是否能吃，营养价值如何，怎么种植，以及其他知识。

6. 我要了解我所采集的奇花异草在语文课或英文课中是否写过，在课文中的描述跟我的观察有没有不同之处。

7. 我所采集的奇花异草有什么文化价值——和当地居民学到的知识，比如，土名是什么？有什么意思？当地居民怎么利用它？

8. 与我所采集的奇花异草有关的谚语、成语，或典故有哪些?

# 第八章

# 植物标本展示

| 种　　名： | 紫穗槐 |
|---|---|
| 拉丁学名： | *Amorpha fruticosa* Linn. |
| 分类地位： | 豆科，紫穗槐属 |
| 分　布　地： | 原产美国，我国广为栽培 |

名称：_____

日期：_____

分布地：_____

分类地位：_____

种　　名：　　　　鸡爪槭

拉丁学名：　　_Acer palmatum_ Thunb.

分类地位：　　　槭树科，槭属

分　布　地：　　从河北至长江以南各地

名称：_____
日期：_____
分布地：_____
分类地位：_____

| 种　　名： | 三桠乌药 |
| --- | --- |
| 拉丁学名： | *Lindera obtusiloba* Bl. Mus. Bot. |
| 分类地位： | 樟科，山胡椒属 |
| 分 布 地： | 产辽宁千山以南、山东昆箭山以南 |

名称：＿＿＿＿＿＿
日期：＿＿＿＿＿＿
分布地：＿＿＿＿＿＿
分类地位：＿＿＿＿

| 种　　名： | 葎草 |
|---|---|
| 拉丁学名： | *Humulus scandens* |
| 分类地位： | 桑科，葎草属 |
| 分布地： | 除新疆、青海外，南北各省区均有分布 |

名称：_____

日期：_____

分布地：_____

分类地位：_____

| 种　　名： | 枣 |
|---|---|
| 拉丁学名： | *Ziziphus jujuba* Mill. |
| 分类地位： | 鼠李科，枣属 |
| 分 布 地： | 本种原产我国，现在亚洲常有栽培 |

名称：＿＿＿＿＿

日期：＿＿＿＿＿

分布地：＿＿＿＿＿

分类地位：＿＿＿＿＿

| 种　　名: | 狗尾草 |
|---|---|
| 拉丁学名: | *Setaria viridis* (L.) Beauv. |
| 分类地位: | 禾本科，狗尾草属 |
| 分　布　地: | 产于全国各地 |

名称: _____

日期: _____

分布地: _____

分类地位: _____

| 种　名： | 剑叶金鸡菊 |
|---|---|
| 拉丁学名： | *Coreopsis lanceolata* L. |
| 分类地位： | 菊科，金鸡菊属 |
| 分 布 地： | 原产北美，我国各地庭院常有栽培 |

名称：_____

日期：_____

分布地：_____

分类地位：_____

种　名：　　　青蒿
拉丁学名：　*Artemisia carvifolia*
分类地位：　菊科，蒿属
分布地：　我国北方常见绿化灌木

名称: _____

日期: _____

分布地: _____

分类地位: _____

| 种　　名： | 芦苇 |
|---|---|
| 拉丁学名： | *Phragmites australis* (Cav.) Trin. ex Steud. |
| 分类地位： | 禾本科，芦苇属 |
| 分布地： | 产于全国各地 |

名称：＿＿＿＿＿＿
日期：＿＿＿＿＿＿
分布地：＿＿＿＿＿
分类地位：＿＿＿＿

种　　名: _____侧柏_____

拉丁学名: *Platycladus orientalis* (L.) Franco

分类地位: _____柏科，侧柏属_____

分 布 地: 分布于东北、华北至江南广大地区和西南
　　　　　地区

名称：＿＿＿＿＿＿

日期：＿＿＿＿＿＿

分布地：＿＿＿＿＿

分类地位：＿＿＿＿

| 种　　名： | 紫叶小檗（bò） |
| --- | --- |
| 拉丁学名： | *Berberis thunbergii* var. |
| 分类地位： | 小檗科，小檗属 |
| 分　布　地： | 我国北方常见绿化灌木 |

名称： _____
日期： _____
分布地： _____
分类地位： _____

# 让时间凝固，留住世间的美丽